可爱的小猫咪

小学童探索百科编委会·著

探索百科插画组·绘

北京日报出版社

目 录

小小的学童，大大的世界，让我们一起来探索吧！

我们是探索小分队，将陪伴小朋友们一起踏上探索之旅。

我是爱提问的
汪宝

我是爱动脑筋的
咪宝

我是无所不知的
龙博士

“猫”字的来历

在很久以前，农民种的庄稼和收获的粮食经常被老鼠毁坏或吃掉，后来他们发现有一种在野外生活的小兽很善于抓老鼠，于是就驯养它们来保护庄稼，这就是猫。

“猫”为形声字，繁体字写作“貓”。字的左边为“豸(zhì)”形，表示是一种脊背很长、伺机捕食的兽类，甲骨文中“豸”的字形就像一只脊背平展、尾巴很长的动物。字的右边为“苗”声，既模拟猫叫的声音，也有庄稼幼苗的意思，表示猫是一种保护庄稼的动物。后来“貓”简化为了“猫”。

甲骨文中的“豸”

现在，猫已成为许多人家中的宠物，被亲切地称呼为“猫咪”，人们还培育出了各种各样的猫咪品种。不过，别看猫咪外表温顺可爱，它们可是和老虎、狮子同属于猫科大家族的超级猎手。现在我们就一起去了解它们吧。

汉字小课堂

人们常喜欢用“咪咪”来呼唤小猫。“咪”字起初是用来形容羊叫的，读作“miē”（同“咩”），后来才专门用来形容猫的叫声，尤其是小奶猫的叫声，读作“mī”。而“喵”一般用于大猫的叫声，读作“miāo”。

汉字演变

貓	貓	貓	猫
小篆	隶书	楷书（繁）	楷书（简）

喵喵喵……

脚步轻盈，动作敏捷

爱抓老鼠爱吃鱼

还能陪在你身边

我就是小猫咪

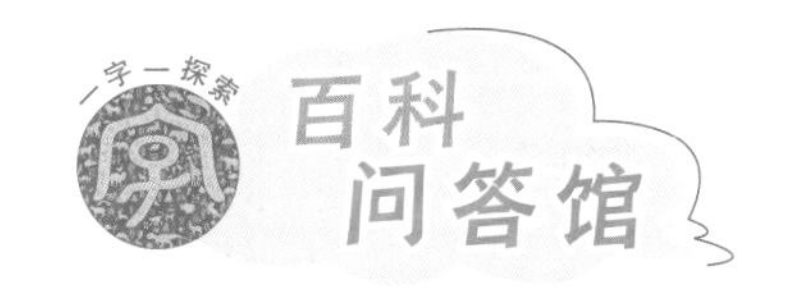

猫咪的身体有什么特点?

虽然猫咪长相可爱，但它们出色的运动能力、完美的身体结构，让它们天生就是一个狩猎高手，我们一起再好好认识一下它们吧!

耳朵
像雷达天线一样，可以随着声音来源的方向转动，听觉十分灵敏。
眼睛
位于头部正前方，大而圆，注视猎物时很少眨动。瞳孔可以随光线的强弱变圆或变细。夜视能力很强。
鼻子
嗅觉灵敏，可以闻到500米以外的气味。健康猫咪的鼻子是湿润的。

（家猫）

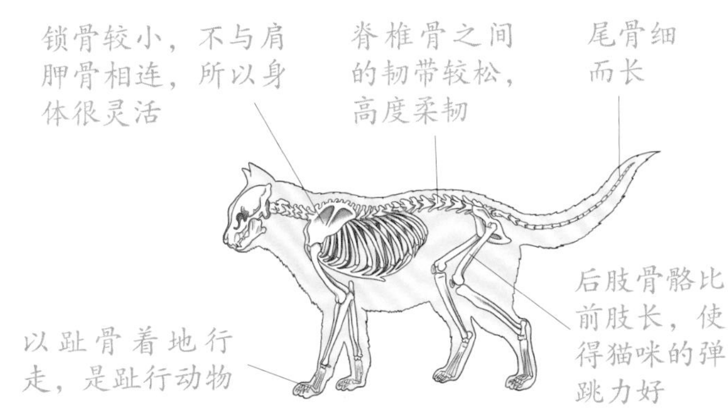
锁骨较小，不与肩胛骨相连，所以身体很灵活
脊椎骨之间的韧带较松，高度柔韧
尾骨细而长
后肢骨骼比前肢长，使得猫咪的弹跳力好
以趾骨着地行走，是趾行动物
猫的骨骼示意图

毛色 全身披毛。成年的猫咪每年会在春末夏初、秋末冬初两次季节交替时换毛，来适应气候的变化。

狸花猫

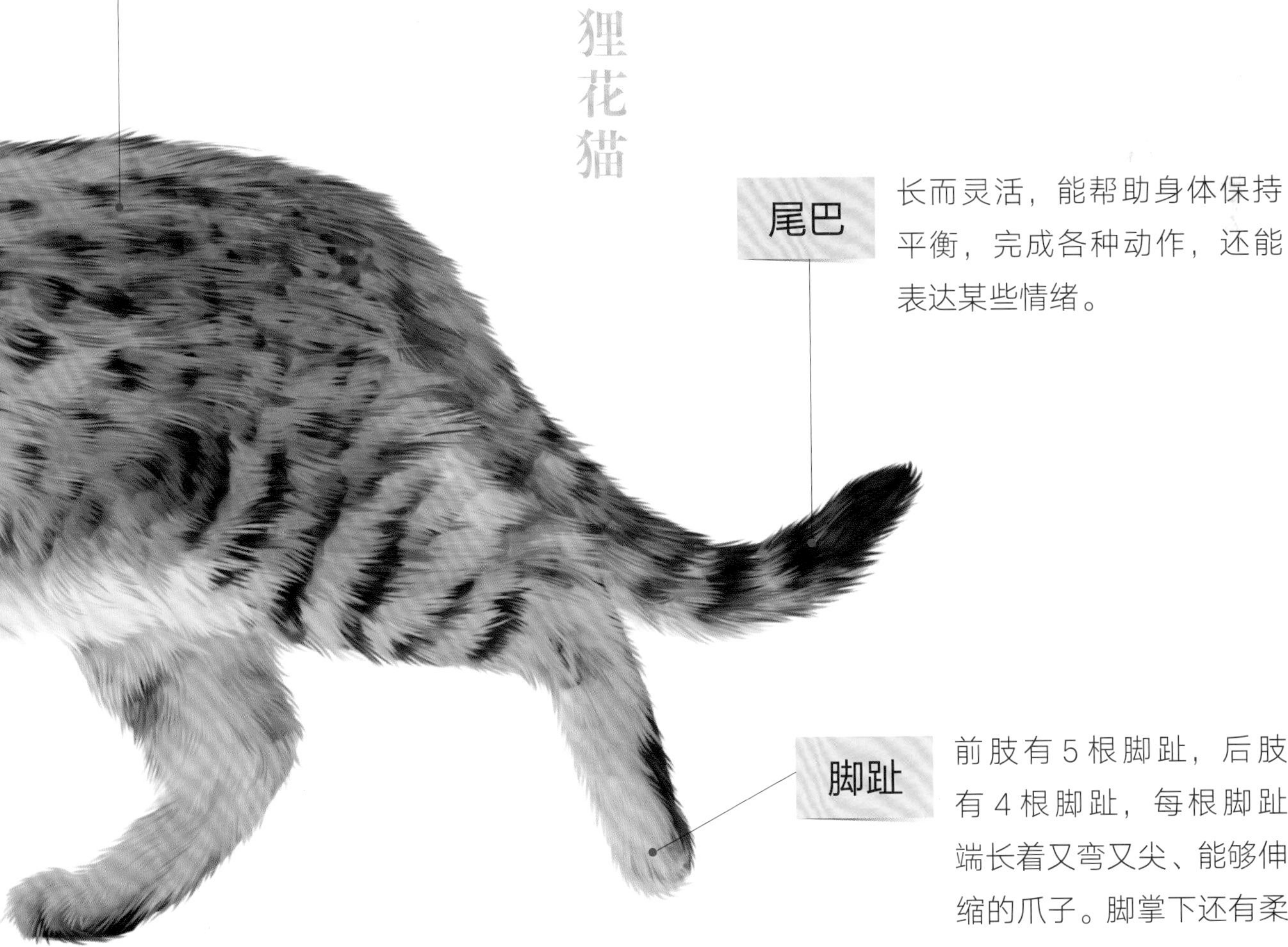

尾巴 长而灵活，能帮助身体保持平衡，完成各种动作，还能表达某些情绪。

脚趾 前肢有 5 根脚趾，后肢有 4 根脚趾，每根脚趾端长着又弯又尖、能够伸缩的爪子。脚掌下还有柔软的肉垫。

猫咪的祖先是谁？家猫是由野猫驯化来的吗？

猫咪最原始的祖先是一种生活在树上的古猫兽，它们也是现代食肉动物的祖先。最古老的猫叫始猫或原猫，大约生活在3000万年前，是狮子、老虎和小猫咪的共同祖先。

家猫是由野猫驯化而来的。有关人类驯化猫咪的起始时间目前还没有定论，有一种观点认为驯化过程可能始于大约1万年前，而到了大约3500年前的埃及，猫已明显被驯服。但不管怎样，家猫最先出现于人类农业发展的中心地区，承担起了捕鼠重任。经过人们一代代地培育和筛(shāi)选，猫咪的品种变得十分丰富。不过，即使现在猫咪已成为我们家中的一员，它们仍然很独立，而且身上还保留了许多其祖先野猫的生活习性，你看看有哪些呢?

探索早知道

猫咪和很多小型猫科动物与狮子、老虎相比，除了身体小以外，还有一个重要的区别，就是它们发不出真正的吼叫声。它们的舌骨已经硬化为真正的骨头，而狮子、老虎的舌骨富有弹性，使得它们能发出洪亮的吼声。

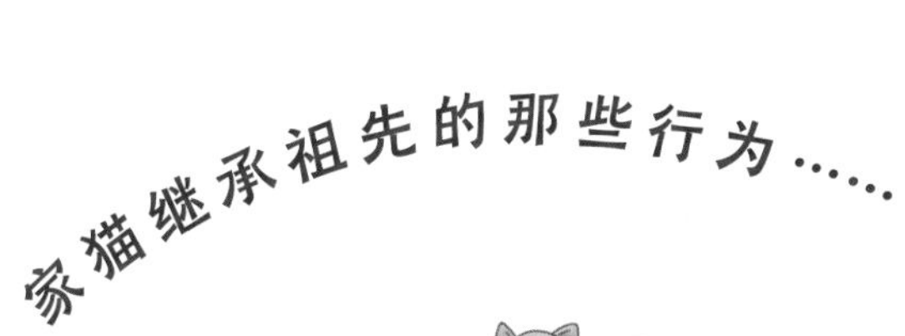

爬到高处睡觉或寻找食物。

吃饭时不用前爪抓着。

用尾巴盘着身体休息或睡觉。

猎食时采用蹲伏前进的姿势。

猫的远古祖先——始猫（想象图）。

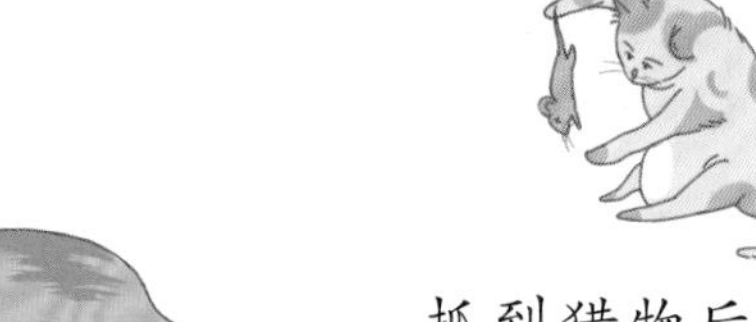
抓到猎物后，会先玩弄一番再吃。

母猫生下小猫后要换2~3次窝。

家猫
毛色和斑纹多种多样
对人几乎没有攻击性
四肢较短
居住于城镇乡村
非洲野猫
身体结实健壮
身上毛色通常为灰褐色，与环境色相近
攻击性强。大多栖息于草原和山林之中
斑纹在尾巴和四肢处较明显
四肢强健修长

起初家猫和野猫最显著的区别之一就是家猫身上有各种明显的斑纹。目前，人们已培育出了 200 多个家猫品种。

野猫有 30 多种，非洲野猫可能是最早被人类驯化为家猫的种类了。

为什么猫咪能在晚上看清东西呢？为什么它们的眼睛能“一日三变”？

猫咪有很好的夜视能力，所以它们在晚上能看清东西。猫咪眼睛视网膜后面有一层像反光镜一样的膜结构，当晚上微弱的光线射到视网膜后，还会落到反光膜上，再从那里反射回视网膜，这样视觉细胞就接收到了 2 次光的刺激，提升了眼睛在黑暗中看东西的能力。猫咪的眼睛只需要人眼六分之一的光线就可以看清东西了。

当光线太强或太弱时，人的眼睛无法正常看清事物，但猫咪的瞳孔对光线的反应十分灵敏，可以根据光的强弱进行收缩或放大，能灵活地控制进入眼睛的光线，所以它们的瞳孔在不同强度的光线下会呈现出不同的形状。另外，猫咪的瞳孔还会受情绪的变化而改变形状。

人眼中的世界
猫眼中的世界
猫咪的眼睛分辨不了红色，但能看到蓝、绿、黄和紫色。
黑夜中猫咪的眼睛闪着金色的光，是因为反光膜反射光线的作用。
人眼看到的黑夜
猫眼看到的黑夜

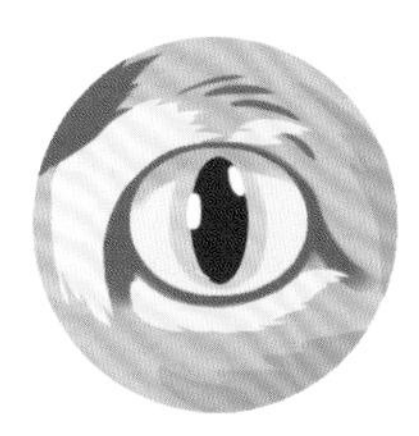

	早上	中午	晚上
光线	猫咪的瞳孔在柔和的光线下会变成枣核状。	猫咪的瞳孔在强光下会变成细缝状。	猫咪的瞳孔在昏暗的光线下会变成圆形。
情绪	当猫咪感到困惑时，瞳孔也时常会呈现枣核状。	当猫咪生气或瞄准猎物时，瞳孔会收缩成细缝状。	当猫咪受到惊吓或依偎着主人撒娇时，瞳孔会变大哦。

在黑暗中，猫咪的瞳孔能扩大得像圆月亮一样，几乎占满整个眼眶，所以猫咪只需要微弱的光线就能四处活动和捕猎了。

探索早知道

不同品种的猫咪眼睛的颜色也会不太一样。一般常见的有蓝色、黄色、绿色、橙色、棕色、琥珀色等。这些颜色主要是由猫眼的虹膜颜色决定的。虹膜是瞳孔周围那一圈有颜色的部分。

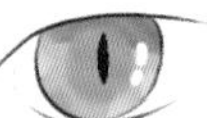

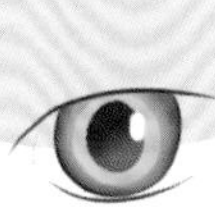
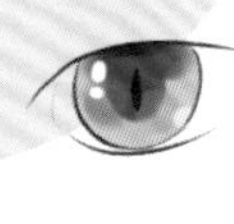

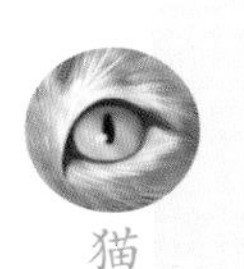
猫

虎

虽然猫咪和老虎的眼睛都对光线十分敏感，但是猫咪的瞳孔在强光下会收缩成细缝状或长椭圆形，而老虎的瞳孔会收缩成圆圆的针眼状。

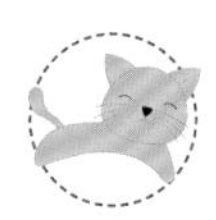

为什么猫咪喜欢吃鱼和老鼠？它们又是如何捕猎的呢？

猫咪喜欢在夜间活动，需要很好的夜视能力，因此就需要一种叫牛磺酸的物质，而鱼和老鼠的体内牛磺酸的含量很高，所以猫咪很喜欢吃它们。另外，猫咪喜欢抓老鼠，是因为老鼠也大多在夜间活动，个头又小，非常适合猫咪捕捉，自然就成了猫咪的主要捕猎对象。

猫咪捕食时一般采用闪电伏击式：它们会静静守在猎物的洞口或在水边耐心等待猎物出现，或者悄无声息一点一点地靠近猎物，等猎物一冒头或者离猎物的距离足够近时，便闪电般扑上去用前爪捉住猎物，并用利齿一下咬住猎物的颈部，真是快、准、狠啊！

成年猫咪的牙齿有 30 颗，幼年猫咪有 26 颗，分为门齿、犬齿和臼齿 3 种。

探索早知道

猫咪是食肉动物，但偶尔也需要吃点儿草。猫咪常用舌头梳理毛发，一些毛发会被吞进肚子里，在肠胃里形成毛团，这会让猫咪感到不舒服。青草中的植物纤维可以很好地促进猫咪的肠胃蠕(rú)动，帮助它们排出这些毛团。

猫咪抓老鼠的过程
偷偷靠近猎物
闪电出击
用前爪一下抓住猎物
用牙咬住猎物的颈部
猫咪抓鱼时，动作十分敏捷，先用前爪一把勾住鱼身，然后便一口咬住。
啪！

猫咪的胡须有什么作用？为什么不能剪掉呢？

猫咪的胡须可不一般，它们是超级灵敏的“探测器”，对猫咪来说十分重要。广义的猫咪的胡须，不仅生长在猫咪的口鼻两侧，也长在其眼睛上方、脸颊 (jiá) 边缘、下颌 (hé) 以及前肢腕关节背部，数量一般有 50~60 根。这些胡须的根部在猫咪的皮肤下要比其他猫毛扎得更深，周围分布着大量的感知神经，所以十分敏锐。它们可以帮助猫咪测量行动空间的宽度和高度，还具有感知环境变化、自我保护预警等功能。

猫咪的胡须每半年会自己脱落，然后长出新的胡须。如果人为地将猫咪的胡须折断或剪短，猫咪可能会失去方向感，很难保持身体平衡，走不了直线，也无法判断距离，甚至都飞跑不了。所以，一定要保护好猫咪的胡须哦。

口角毛——鼻子旁边的胡须。一般与猫的身体宽度一样，因此是“通过测量器”

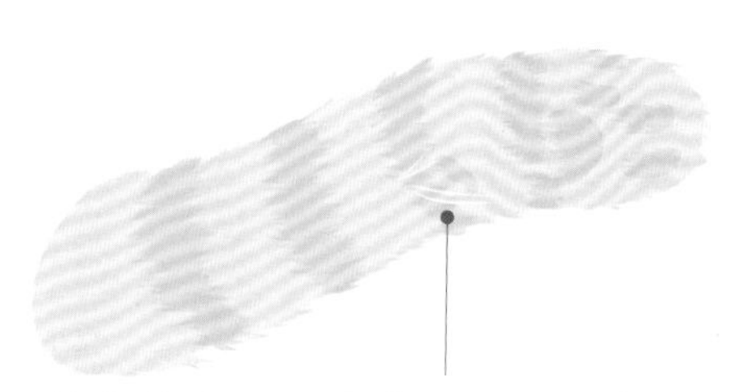

猫咪前肢后侧腕骨的上方也有几根胡须，可以帮助猫咪安全着地，也可以探查脚爪下抓住的猎物，感知猎物有没有逃跑的企图

猫的胡须长在嘴边、脸颊、眉毛、下颌以及前肢腕关节背部。它们根部扎得较深，感觉十分灵敏，能给猫咪提供各个方向的信息。

猫须在不同状态下的样子

休息时放松下垂

行走或好奇时向前伸出

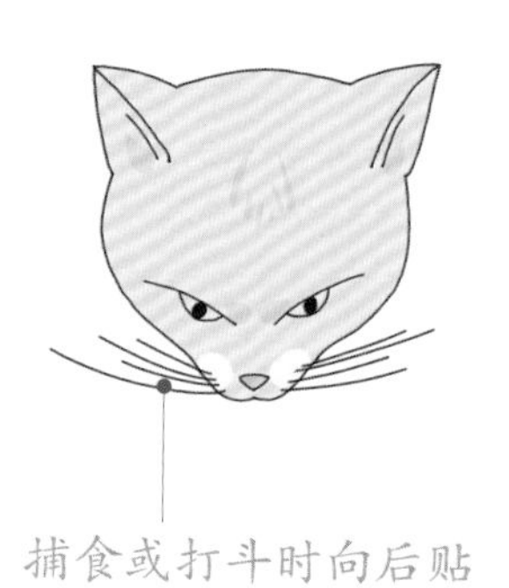

捕食或打斗时向后贴

喵……
眉上毛——眉毛上的胡须。当异物靠近时，能引起眨眼的反射，达到及时保护眼睛的效果
颊骨毛——脸颊上的胡须。能感受风向或物体的运动
下颌毛——下颌上的胡须。能够帮助猫咪感知身体下方物体的运动

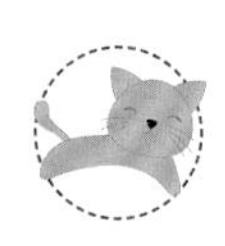

为什么猫咪跳跃攀爬的能力那么好？为什么它们能从高处落下不受伤？

猫咪的体形不大，但轻巧灵活，它们的脊椎骨之间的韧带较松，使得身体的柔韧性强。跳跃时，猫咪的脊背会像弹簧一样先收缩拱起，然后猛地弹伸开，产生惊人的力量。同时，猫咪的四肢和背部的肌肉很强健，后肢的骨骼长于前肢，蹬地伸展时能产生强大的冲力。另外，脚趾上的尖爪让猫咪像穿了“钉鞋”一样，在跳跃攀爬时有很好的抓力，一点儿都不费劲。

猫咪从高处落下或跳下时一般不会受伤，因为猫咪有很强的平衡能力。它们的耳朵里有非常灵敏的平衡器官，能让整个身体迅速做出反应：在空中调整姿态，脊背弯起，四肢伸长，提前做好着地时的缓冲准备，尾巴也能帮忙维持身体平衡，加上猫咪的脚底还有肉垫，富有弹性，也可以减缓冲力。不过，如果高度过高，下落速度和冲力过大，猫咪也会受伤甚至死亡，所以住在高楼层的主人还是要小心看护自己的猫咪。

猫咪超强的平衡能力，能让它们完成很多高难度的动作。

探索早知道

猫咪平时走路时，其行走痕迹大多数情况是一条直线，而且后脚大多会踩在前脚走过的脚印上。这样既能降低走路的声音，又能减少留下的踪迹。

猫咪身体轻，弹跳力好，原地垂直起跳的高度能达到自己身高的4~5倍，甚至更高。

那也比你高多了！

你这么小，一定跳得不高。

爬树很简单！
猫咪从高处落下的过程
哎呀！我掉下去了！
翻身
伸腿
完美着地啦！

猫咪上树时，前肢负责攀爬，后肢负责支撑身体，向后弯曲的爪子能让猫咪牢牢抓住树干。不过下树时，如果猫咪头朝下，爪子会无法抓住树干。有经验的猫咪会倒退着下树，而一些胆小的猫咪可能会被困在树上。

 为什么说猫咪是小汗脚？为什么它们要到处磨爪子？

猫咪身上的汗腺不发达，主要分布区域之一是脚掌，所以当天气炎热时，它们走过的地板上就会留下一个一个湿湿的小脚印。天热时，猫咪会趴在阴凉的地板上，尽量伸展自己的身体，扩大皮肤和地板的接触面来更好地散热。猫咪还会用舌头舔湿自己的毛发，通过水分蒸发带走身体的热量。有时过于炎热，它们还会像小狗一样吐出舌头来散热。

猫咪脚趾上的尖爪是它们的捕猎利器，是由角蛋白构成的，像人的指甲一样，会不停地生长。一旦爪子长得过长，就会弯曲变形，爪尖会伤到脚掌上的肉垫。因此，猫咪为了保持爪子的锋利并防止过长弯曲，就会时常磨爪子。另外，猫咪磨爪子也是其生活在野外的祖先遗传下来的习性，这样可以留下自己的气味，标记自己的领地。

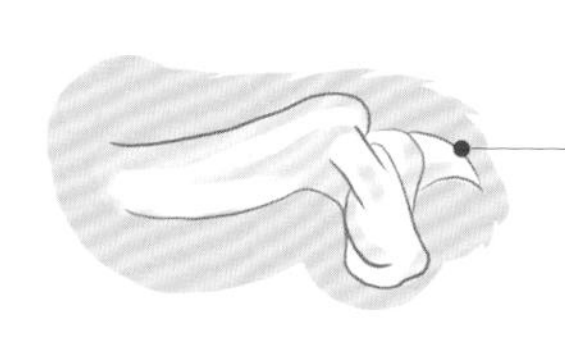

肌肉放松，韧带收缩，爪子内收

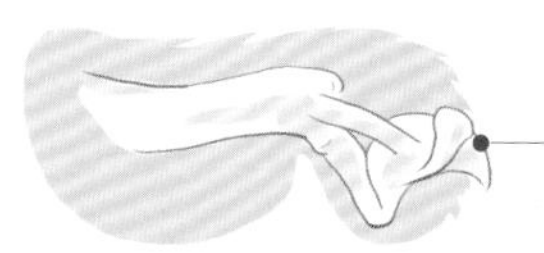

肌肉紧缩，韧带扩张，爪子伸出

猫咪爪子的收缩和伸出

指球（相当于人的手指肚）

掌球（相当于人的掌部）

手根球（可以保护脚踝哦）

猫咪的爪子是由内向外一层层生长的，外保护层老旧后会自动脱落，露出里面锋利的新爪。一般来说，猫咪每 3 个月会换一次猫爪，平时它们会通过抓挠的方式，加速外保护层的脱落。

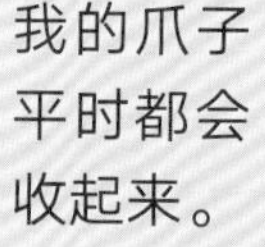

我的爪子不能收回来。

猫咪的掌球形状

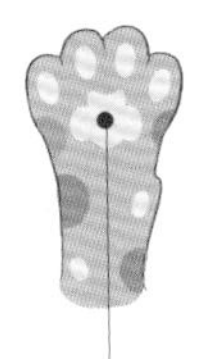
凹形掌

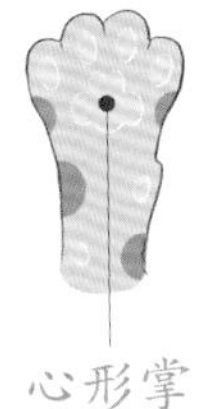
心形掌

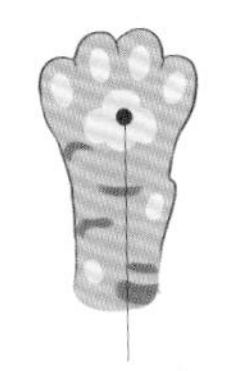
圆头掌

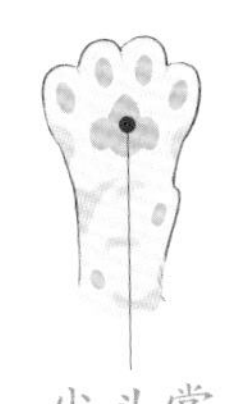
尖头掌

猫咪脚上的肉垫充满了神经感受器，可感知周围环境的情况和猎物的跑动。由于肉垫十分敏感，所以猫咪的脚怕压、怕疼，还怕地面过于炙热，也不喜欢走在厚厚的积雪上。

有时猫咪受到了惊吓或者干了什么丢脸的事情，也会靠磨爪子来放松心情。

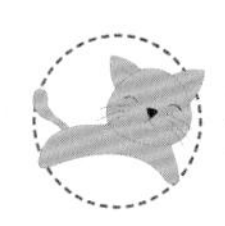

猫咪是如何表达自己心情的？

猫咪也像人一样，会开心、伤感、烦躁、生气，有时会很放松，有时又会很紧张，有时很想要主人的爱抚，有时又想自己独自待着。那么，猫咪怎么表达自己的心情呢？猫咪当然不能像人一样说话，但它们可以通过耳朵和眼睛的变化、身体姿势、尾巴摇动的方式以及叫声等来表达心情。现在我们就一起来看看猫咪的“语言”吧。

猫咪典型的身体语言

吓死我了！

害怕恐惧

你不要再靠近了，我要发怒了！

防御攻击

我现在很放松、很享受，还会用前爪踩奶哦。

放松悠闲

要镇定，准备出击。

准备捕食

你现在属于我了！

标记气味

猫咪咽喉部有舌软骨，当舌软骨震动，喉腔共鸣就会发出咕噜声。猫咪表达自己高兴的心情时会发出咕噜咕噜的声音。小猫在喝奶时也会发出咕噜声。

猫咪尾巴的语言

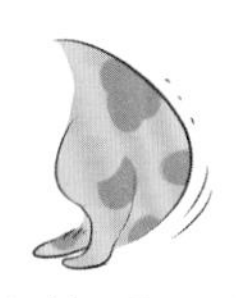

我认输了，你不要攻击我。

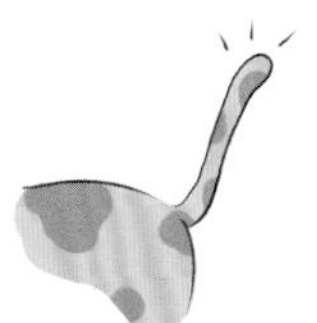

见到你很开心，我们亲近一下吧。

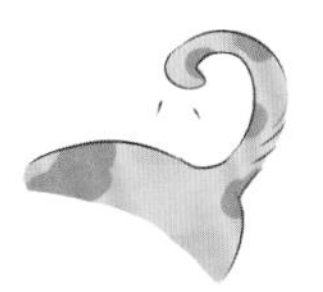

一起来玩，我很好奇啊。

我扭动屁股是准备猛扑了哦。

我有些害怕和胆怯。

我快速摆尾是在生气，快要发火了。

我轻缓地摇尾是心情还不错啦。

我被吓着了，很生气，我要哈你。

我很放松、很信任主人时才会翻肚皮哦！
噜……

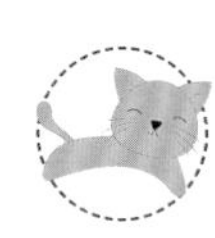

为什么猫咪爱睡觉？它们会做梦吗？为什么它们总是舔毛呢？

我们常常把猫咪叫作“小懒猫”，因为它们似乎总是在睡觉。其实猫咪喜欢睡觉跟其祖先的习性有关。猫咪的祖先常常在晚上捕猎，所以白天需要节省体力。另外，猫咪的眼睛对光线十分敏感，白天强烈的光线往往会让它们感到不太舒服，所以就用睡觉来打发时间。成年猫一天可以睡 14 个小时以上，而幼猫有时可以睡 20 多个小时。当猫咪从熟睡状态过渡到浅睡状态时，常会做梦。它们会说梦话，发出呜呜

猫咪比较怕冷，所以喜欢团着身子睡觉，这样可以保持温暖，减少热量的散失。另外，它们遗传了祖先野猫的习性，由于肚子是最薄弱、最易受攻击的地方，所以团着睡可以更好地保护肚子。

的叫声，有时候腿也乱踢一气，嘴巴还会一动一动的，可能正在做打架或是吃到美食的梦吧。

猫咪除了睡觉，平时一有时间就用舌头舔身体和爪子，它们这是在清洁自己皮毛上的污垢 (gòu)，梳理毛发。野外猫咪还借此捕捉身上的跳蚤、虱子等，还能消除身体上的气味，避免引来凶恶的天敌。

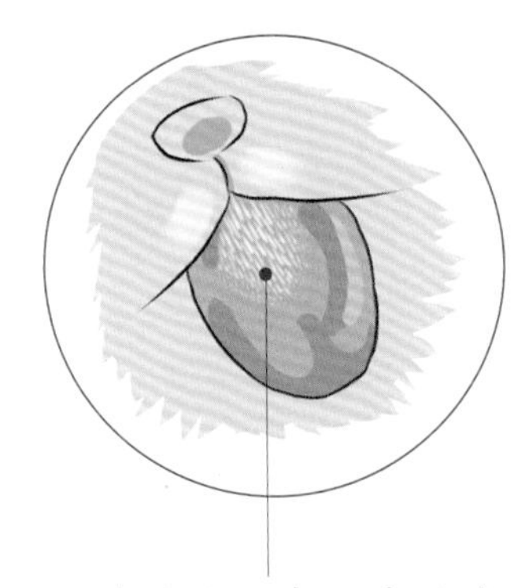

猫咪的舌头表面有很多倒刺，吃饭时起到叉子或牙签的作用，可将食物更好地分离；梳洗时又有着梳子的功能

探索早知道

猫咪特别爱洗脸和梳理毛发，这主要是因为猫咪很爱干净，同时猫咪在洗脸时，也是为了保持重要感觉器官——胡须的灵敏度。另外，猫的皮毛含有胆固醇和麦角醇，经过太阳光中紫外线的照射转变为维生素 D。猫舔毛也是为了摄取维生素 D。

猫咪的各种睡姿

放松

仰面睡

侧躺睡

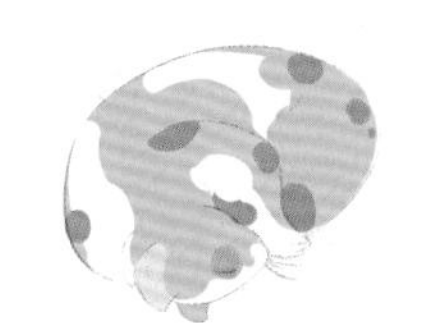

团着睡

趴着睡

盘尾睡

警戒

蹲着睡

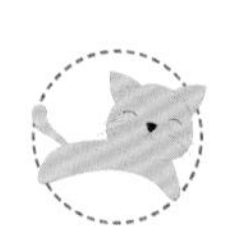

猫咪是怎样交朋友的呢？它们喜欢打架吗？

猫咪平时的交流主要是通过气味和身体动作来进行。当猫咪遇到朋友时，会互蹭身体或碰鼻子，还会用一起游戏、晒太阳、睡觉等方式来增进友谊。猫咪最常用的“礼节”就是碰鼻子，所以，当主人伸出手指，猫咪会用鼻子来碰，也是出于这个问候习惯。

聪明的猫咪并不会随便打架，如果遇见陌生的猫咪，它们一般会装作没看见走开。不过，有时为了领地或处于发情期，猫咪也会打架。它们会先对峙(zhì)，发出充满威胁的嚎叫声，如果对方仍不退让，才会发动攻击，一般会用前爪抓挠对方。不过只要对方认输了，它们也就不会再出手了。

啊！

猫咪打架，一般都是用前爪抓挠对方，很少进行真正的撕咬。

共同休息——常发生在相互认识的猫咪之间。如果有几只猫咪正躺着或坐着晒太阳，有认识的猫咪恰好路过，那么这只猫咪通常也会加入它们，一起休息。

猫咪交流“通用语”

碰鼻子——猫咪最常用的礼节。可以明确对方的气味，还可以迅速了解对方的基本信息。

闻耳朵或舔毛——一般是关系较亲近的猫咪用来打招呼的方式，也常表示猫咪地位的高下，一般地位高的较主动。

互蹭气味——常发生在处于同一个家庭中的猫咪身上。猫咪蹭人的腿也是同样的道理，表明它们认可你是家人。

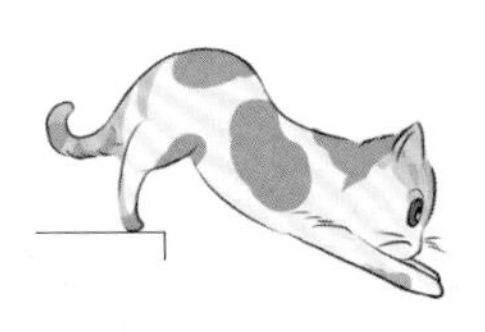

从高处跳下以传达礼貌——2 只猫咪相遇时，如果其中 1 只正好处在高处，它一般会主动从高处跳下来，来表达自己的礼貌和客气。

猫妈妈会生多少个猫宝宝？猫宝宝是怎么成长的呢？

每年从冬末到次年夏初这段时间是猫妈妈的发情期，在怀孕约 2 个月后就能生出 3~6 个宝宝，有的甚至能生十来个呢。身体强壮的猫妈妈一年能生两次宝宝。

猫宝宝刚出生时眼睛是睁不开的，一般 1 周左右才能半睁开，要 15 天左右才能完全睁开，这期间它们完全依靠猫妈妈的照顾和奶水喂养。2~3 周后猫宝宝开始长乳牙，1 个月后会长齐所有的 26 颗乳牙。这时，它们能吃猫妈妈嚼过的食物或者一些较软的固体食物，可以不再吃奶了。长到 3 个月大时，猫妈妈就不再管小猫咪了。而到了 4~5 个月，小猫咪也开始使用气味来标记自己的领域，并且开始换乳牙，性格也慢慢地安静下来，没有以前那么淘气了。6 个月大的小猫咪已经完全独立，可以自己狩猎并且照顾自己了。8 个月大的小猫咪 30 颗恒牙全部长齐了，成为真正厉害的猫咪杀手。

小猫咪活泼好动，会主动跟其他的猫咪玩耍，并且四处走动，探索身边的世界。它们会在玩闹中学习下嘴的轻重和爪子的使用方法。
好好玩……

妈妈真好……

猫咪的身上并没有太大的气味，但它们的“便便”却奇臭无比，所以猫妈妈还会教小猫咪如何掩埋自己的“便便”，这是为了不让天敌或猎物通过味道发现自己，是猫咪自我保护的天性。

我可比你爱干净多了。
你的“便便”可真臭啊！！

探索 早知道

不同品种的猫咪寿命有长有短，平均为 13~14 岁，它们的年龄相当于人的几岁呢？我们来比较一下吧。

猫咪	人	猫咪	人
1.5 个月	4 岁	3 个月	6 岁
6 个月	10 岁	9 个月	13 岁
1 岁	15 岁	2 岁	24 岁

2 岁以后，猫每长 1 岁大约相当于人长 4 岁。

出生 15 天左右的小猫　满月幼猫　半岁小猫咪　1 岁的青少年猫咪

猫咪怕水吗？它们为什么不喜欢洗澡？

家养的猫咪大部分都怕水，这是因为家猫仍保留着祖先的习性。埃及和中东的野猫生活的环境是沙漠和草原，很少见到水。另外，沙漠昼夜温差大，如果它们的身体潮湿，到了晚上，由于气温下降过快，很容易生病。所以，家猫的祖先形成了怕水的习性。不过，也有个别品种的猫咪因为一直生活在水边，一点儿都不怕水。

绝大多数猫咪非常抗拒洗澡。因为猫毛被水淋湿了贴在身上，会让猫咪觉得很冷、很不舒服。另外，猫咪身上都有自己特定的气味，能标记自己的领域。猫咪闻到自己的气味才会心安，可是洗澡会把这种气味洗掉，甚至会染上沐浴露的强烈气味，这些都会使得猫咪十分不安，甚至会产生应激反应哦。

西伯利亚森林猫有一身厚实的皮毛，可以抵御北方的寒冷。

泰国的暹(xiān)罗猫毛发较短，与原产地泰国的热带气候相适应。

加拿大无毛猫身上几乎没有可以保暖的毛发，室温低于10℃就有可能会被冻死。

土耳其梵(fàn)猫被称为“游泳猫”，它们的皮毛结构和其他猫不同，在被水打湿之后能很快变干。

探索早知道

猫咪的毛囊比较复杂，一个毛囊最多可以生长出6根长毛，周围还长有一些细细的绒毛。每个毛囊都有独立的肌肉组织，可以控制毛发竖起。当天气热或猫咪发怒、受惊时，它们会竖起颈部的毛发。

春末夏初和秋末冬初的时候，猫咪要“换装”，会严重掉毛，主人可以经常替它们梳理、修剪一下毛发。

猫咪自身很讲卫生，会自己清理毛发，并不需要主人频繁地给它们洗澡。如果一定要洗，间隔时间也要长，半年洗一次就足够了。
我不想洗澡！
喵呜……

我们身边的猫咪有哪些类型呢？

现代的家猫虽然都同为一种，但人工培育的品种已近200多个，从外形上来分，可以大致分为长毛猫、短毛猫和无毛猫3大类，大部分猫咪都为短毛猫。我们来认识一下其中的一些猫咪，看看你身边是不是也有它们的身影呢？

无毛猫

加拿大无毛猫

中华田园猫（土猫、混种猫）

我们生活中最常见的猫咪，是最初的家猫本土化后衍生的各种品种，大多为短毛猫，包括了狸花猫、橘猫、三花猫、奶牛猫、狮子猫等常见品种。它们适应力强，数量庞大，每一只都有独特的外貌与个性。

橘猫　狸花猫　三花猫　狮子猫

野外那些小型猫科动物

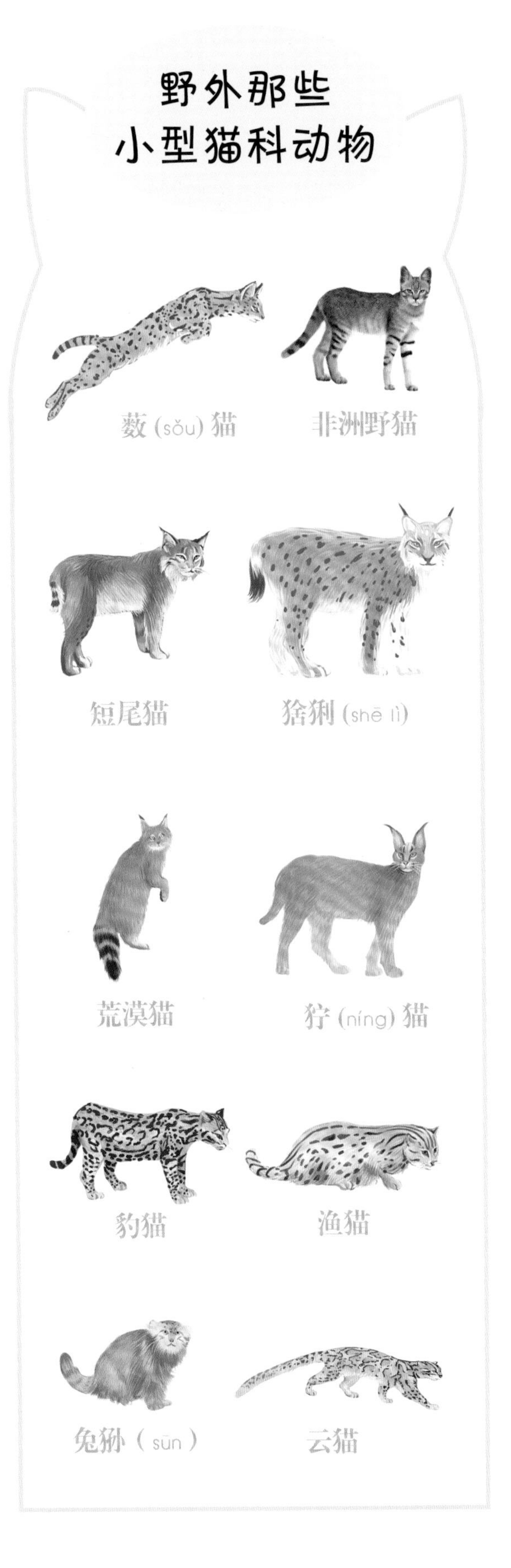
薮(sǒu)猫　非洲野猫

短尾猫　猞猁(shē lì)

荒漠猫　狞(níng)猫

豹猫　渔猫

兔狲(sūn)　云猫

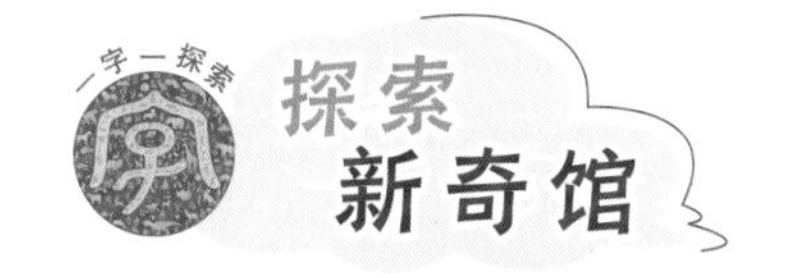

我国野外的小型猫科动物

（一）呆萌圆胖小杀手——兔狲

看我是不是很可爱？可不要被骗了，我可是很凶猛的哦。我叫兔狲，也叫羊猞狸，喜欢生活在布满岩石的草原、荒漠或戈壁上。我有自己的领地，平时住在岩石缝或旱獭的洞里，最喜欢的食物是鼠兔，并因此常和爱吃鼠兔的毒蛇大打出手，但我不怕它们。我的食物还有各种鼠类、野兔、沙鸡等。我跑不快，所以捕猎时常采用伏击战，利用石头或灌木做掩护，静静地等待，然后一口咬住猎物。我厉害吧？

头宽圆，耳朵位置较低，两耳距离远，长得有点儿像猫头鹰。瞳孔收缩时会像老虎那样呈针眼状而不是细缝状

体形矮胖浑圆，毛发又密又软，绒毛丰厚，腹部的毛长是背毛的一倍多

尾巴粗圆，有6~8条黑色环纹，尾尖为黑色

体重2~3千克，体长50~65厘米

四肢粗短

兔狲生活在中亚地区，我国的四川、新疆、西藏、青海、内蒙古等地都有兔狲生存。它们适应力强，栖息地的海拔高度可以达到4600米左右。

（二）最神秘的野猫——荒漠猫

你们不要搞错，我不是家猫，更不是橘猫！我主要生活在中国西北地区的荒漠中，是中国特有的野猫，名叫荒漠猫。我的眼睛是淡淡的蓝色或者很浅的黄绿色，身上的毛发又浓密又长。哎，就因为这身毛皮，你们人类曾大量猎杀我的同胞。荒漠地带白天温度很高，我一般躲在岩石底下或洞穴中休息，等到晚上了才会出来活动。我会捕杀各种鼠类、野兔、爬行类以及昆虫和小鸟。你们想见到我？那可很难。因为我比较孤僻，行踪隐蔽，是最难遇到的猫科动物之一。

荒漠猫是捕鼠小能手。如果发现鼠洞里有鼠，就会在洞外蹲伏，等鼠类一冒头，就闪电出击。

荒漠猫长着淡蓝色或浅黄绿色的眼睛，耳尖长着一簇黄色短毛

外貌与家猫相似，但体形较大，四肢修长

身上被毛又密又厚，花纹模拟的是荒漠环境色，没有明显的斑纹，毛色会随季节略有不同

尾巴十分粗大，末端有3~5条黑色环纹

荒漠猫长相可爱，但性格孤僻，行踪隐蔽，是最难遇到的猫科动物之一。

（三）林中的短尾猛兽——猞猁

你们好呀！看我这耳朵上顶着的标志性长毛，微微上扬的嘴角，你是不是以为我是很和蔼可亲的动物啊？那你可要小心了，我可不好惹，我的野性和凶残有时会超越狮子和老虎。记住了，我就是猞猁，一只欧亚猞猁，是中国常见种类。我独来独往，不怕寒冷和积雪，在中国主要活动于新疆、西藏、四川、山西、青海以及东北的林区中。我非常擅长攀岩和游泳，住在岩石洞或树洞中，吃得最多的是野兔，也喜欢捕杀鼠类、松鼠，有时还会捕杀狍 (páo) 子、鹿等体形较大的动物。我爬起树来也是高手，能从一棵树跳到另一棵树上，所以也常捕杀鸟类。我生性谨慎，遇到危险会躲到树上，甚至会装死哦。

尾巴短，端部为黑色
耳尖耸立着长长的黑色簇毛，能收集声音，没有簇毛的话会影响听力
头圆，两颊有下垂的长毛
体粗壮，属于中型猛兽。毛色浅棕、棕黄或灰褐色，腹部色浅白
四肢较长，强劲矫健
野兔是最主要的食物来源

猞猁生活的环境大多十分寒冷，它们多毛的大脚掌在雪地上能行走自如。猞猁捕猎时非常有耐心，有时可以在同一个地方等上好几天，静候猎物的出现，然后闪电出击，如果没能一下抓住猎物，它们也不会穷追不舍，而是静待下次机会。

食谱

猞猁准备偷袭时的姿势。

猞猁有时会捕杀体形较大的猎物，它们会跳到猎物后背，狠狠咬住其颈椎骨，使其毙命。

探索 早知道

狞猫和猞猁有些像，但多见于非洲和亚洲的雨林和湿地中，也有长长的耳尖“天线”，而且它们的耳朵可以绕着耳根360度转动！狞猫四肢细长，捕食时快速奔跑，可跳到近1.8米高的空中抓飞鸟吃。

探索 早知道

短尾猫生活在北美洲。它们的外形与猞猁十分相似，但体形较小，尾巴末端的黑色环纹外长有白色毛丛，腹部白色明显。它们非常善于攀高，可爬到树状仙人掌上躲避鬣狗的追击。

狞猫

短尾猫

非洲的野猫代表

在非洲有一些很有意思的小型猫科动物，我们一起来听听其中几位野猫代表的自我介绍吧。

（一）非洲野猫

我是非洲野猫，生活在非洲以及中东地区的草原和沙漠灌木丛中。在很早以前，我的一些祖先被人驯养成了家猫，和人生活在一起，但我还是喜欢野外的自由生活。我很凶猛，喜欢昼伏夜出，喜欢猎杀各种鼠类和其他小型动物，是非常优秀的猎手。

体毛较短，尾巴有明显条纹，尾尖为黑色

体色灰棕或灰黄色等，近似沙漠的颜色

非洲野猫是家猫的祖先，早在5000年前，人类就已经开始饲养家猫来捕捉老鼠了。

（二）黑足猫

我的脚掌是黑色的，上面还长着浓密的黑毛，所以叫黑足猫。我生活在非洲南部开阔的稀树草原、灌木丛和半荒漠地带。虽然我是体形最小的野猫之一，长得还很可爱，但不要被我的外表迷惑哦。我捕猎时十分凶猛，甚至还能攻击比我大很多倍的小羚羊呢。吓着了吧?

体形小巧，体色为灰褐色，有黑色斑纹

足底肉垫为黑色，覆有浓密的黑毛

黑足猫是野生猫科动物中体形最小的种类之一，但却是十分凶猛的猎手。

（三）非洲金猫

我是非洲金猫，主要生活在非洲的热带森林中，是非常神秘的动物。我浑身毛色漂亮，有时还带有斑点。我动作十分敏捷，喜欢猎食各种鼠类、鸟类以及一些小型哺乳动物，偶尔还会袭击家禽家畜。虽然我会爬树，但还是喜欢在地面猎食。

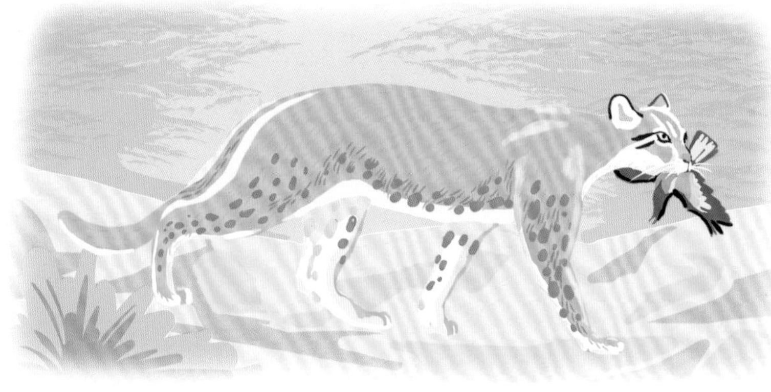

体色有金棕色、红褐色或灰色等，有时在四肢或腹侧有斑点
头小而圆，脸部较短，耳背多为黑色

算了，太高了，不抓它了！

非洲金猫体长 60~100 厘米，它们大多喜欢在地面捕猎。

（四）薮猫

看我的大耳朵是不是很突出？我的大名叫薮猫，主要生活在非洲的中部和东部。我拥有一身漂亮的皮毛，4 条大长腿十分敏捷，爬树、游泳、跳跃、奔跑，样样不在话下。我喜欢在夜间活动，以鼠类、鸟类等为食。我的捕猎成功率比较高，10 次就能成功 5 次，比大老虎都厉害哦。

皮毛多为黄色，且有黑色斑纹
耳朵很大，双耳靠得比较近
尾巴不长，有黑色环纹
身体和四肢修长

薮猫凝神倾听时，耳朵会彼此靠拢，形成独特的“M”形。

薮猫弹跳力惊人，能跃到空中捕食鸟类。

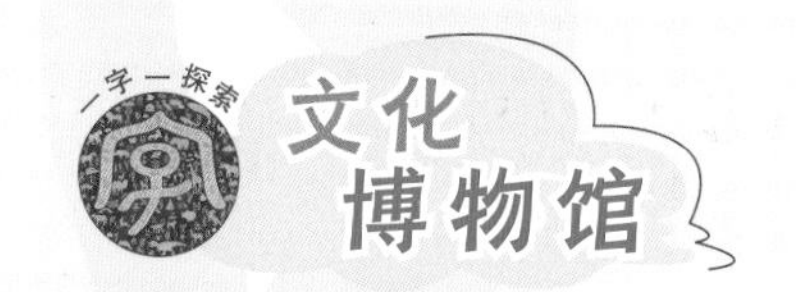

古埃及神圣的猫

埃及人很早就将非洲野猫驯化成了家猫，他们十分宠爱猫咪、并视猫咪为神灵。这是为什么呢?

一种说法是在古埃及常有人被毒蛇咬伤甚至丧命。人们发现猫咪不怕蛇，还能克制它们，如果蛇代表着死亡与疾病，猫咪能够保护人们免受毒蛇的伤害，那么猫咪自然就受到了人们的崇拜。另外，猫的瞳孔会随着光线而改变形状，如同天上的月亮一样。因此，古埃及人认为猫咪是月亮的化身，眼睛里保管着白天太阳所发出的生命之光。而且古埃及人崇拜的女神之一贝斯特，掌管着丰收、健康等，她常以猫的形象出现。古埃及人将猫咪奉为贝斯特的化身，进一步加深了“猫崇拜”。

我是贝斯特女神的化身，看护着大地上的农田。老鼠和毒蛇都是我爪下的猎物，我就是丰收的象征。

咕噜咕噜咕噜咕噜……
神圣的猫大人啊，请念出吉祥的咒语，保佑我的家宅平安，没有烦恼和疾病。

探索早知道

传说女神贝斯特是太阳神拉的女儿，是一位守护人，开始时以狮头人身的形象出现，后来多以猫头人身的形象出现，人们便将猫咪和她联系在一起，将猫视为女神贝斯特的化身，这进一步加深了古埃及人对猫的崇拜。

猫咪在古埃及是受人崇敬的国兽。人们将它们豢(huàn)养在家里，相信它们能念吉祥护佑的咒语。人们还专门设置了供奉猫咪的寺庙，每逢祭祀之日便举行盛大的典礼。如果有人伤害了猫咪，会受到严厉的处罚。当养的猫咪死去时，全家人会刮掉眉毛以表示哀悼。一些猫的尸体在经过防腐处理后会被制成木乃伊，在埋葬时常会放入猫咪爱吃的老鼠或者爱玩的毛线球作为陪葬品。

我亲爱的猫咪啊，愿你在另一个世界也能吃得好、玩得开心，我把老鼠等都放在你身边了。
猫木乃伊制好了，这就安葬它啦。

中国古代的猫

我国家猫的起源有两种说法：一种说法是埃及的家猫自西域传入，一种说法是5500多年前由亚洲豹猫驯化而成。不过，人们最初养猫，只是把它们当作捕鼠的工具，并没有很看重它们，也没有将其列为六畜之一。唐朝时期，很多贵族会把温驯而又爱干净的猫咪作为宠物来养。宋朝时期，还有专门的“相猫术”。一些文人也喜欢养猫，用来保护自己的书籍不被老鼠啃食。猫咪的形象越来越多地出现在各种诗歌和绘画作品中，还有了很多别称，如狸奴、鼠将、乌圆等。各地也培养出不同的本土品种猫咪，形成品种丰富的田园猫家族，包括狸花猫、三花猫、奶牛猫、橘猫等。后来，随着中外交流，一些外国品种也开始进入中国，猫咪的品种就更加丰富了。

猫有九条命的传说

关于猫有九条命的传说有很多。相传佛祖释迦牟尼有一天召集弟子讲经时，有一只猫咪蹲伏在佛祖的座下，好像也听得很入神。弟子中有人问佛祖："猫咪这个样子，难道它也能通晓佛理吗？"佛祖回答说："猫咪是很有灵性的动物，它有九条命，而人只有一条命，所以它的灵性远不是人类所能比的。"

佛祖，这只猫总是趴在这里，难道它也能听懂佛理吗？
不要小看它。猫有九条命，灵性非凡。

我终于长出九条尾巴啦，太棒了！哈哈……
又过了九年，现在我终于能化为人形了。

除了佛教传说，欧美国家也流传着造物主派遣使者赐猫"九命"的说法。在我国民间也有相关传说。据说猫每九年就会多长出一条尾巴，直到长出九条。有了九条尾巴后，再过九年猫就会化成人形，这时猫才算真正有了九条命，成了九命猫妖。

猫咪当然没有九条命了，这只是传说而已，只是它们的生理机能和恢复能力比一些动物要强，但如果受到严重伤害，它们也会活不长久的。

名诗中的猫

乞猫

宋·黄庭坚

qiū lái shǔ bèi qī māo sǐ
秋来鼠辈欺猫死，

kuī wèng fān pán jiǎo yè mián
窥瓮翻盘搅夜眠。

wén dào lí nú jiāng shù zǐ
闻道狸奴将数子，

mǎi yú chuān liǔ pìn xián chán
买鱼穿柳聘衔蝉。

狸奴：猫的别名。

衔蝉：猫名。后唐琼花公主有两只猫，其中“一白而口衔花朵”，所以得名衔蝉奴。后成为猫咪的别称。

译文 秋天的时候，老鼠见家里的老猫死去了，十分得意。它们肆无忌惮到处活动，在瓮间钻来钻去，还打翻盘子，搅乱夜间的睡眠。听说有人家的猫要生小猫了，买了鲜鱼用柳枝穿好，准备前去讨要一只，回家来消灭鼠患。

诗意 黄庭坚的这首小诗，记录了向别人讨要小猫的过程，写得十分生动。古时文人们讲究礼节，在讨要小猫时要给“聘礼”，甚至写“纳猫契”，这种习俗叫聘猫。而诗人这次聘猫所用“聘礼”就是用刚折下的柳枝穿好的鲜鱼。

名画中的猫

《唐苑嬉春图》

明 · 朱瞻基

自唐朝以来，猫的形象就开始出现在绘画作品中，并在宋明朝时达到更盛。明朝第五位皇帝明宣宗朱瞻基很有艺术天赋，他画的猫咪栩栩如生。现在我们就一起看看他画的《 唐苑嬉春图》（又叫《五狸奴图》）吧。在这幅描绘春天的长卷里，朱瞻基共画了 5 只小猫咪，分别展现了猫咪充满野性、机警、爱玩耍、爱干净、爱睡懒觉的 5 种样子，十分生动有趣。

正在玩耍和梳理毛发的猫咪

正机警盯着枝头的猫咪

正睡懒觉的猫咪

猎杀了一只小鸟、充满野性的猫咪

长卷　纸本　纵 37.5 厘米　横 264.2 厘米

现藏纽约大都会博物馆

成语故事中的猫

照猫画虎

传说，明末的登州府蓬莱县有一个画家擅长画人物，喜欢画《水浒传》中的梁山好汉。他一直想画全一百零八位英雄好汉，可画完一百零七位，就差武松没画时，他却病倒了。他原本想画武松打虎的场面，因为不了解老虎，所以才拖到了最后。去世前，他嘱咐徒弟完成自己的画作，告诉他要找到老虎，看仔细了再动笔。

放心吧，师父。
徒儿啊，你一定要亲眼仔细观察老虎后，再完成这幅《武松打虎图》啊。

徒弟遵照师傅的嘱咐，到处寻找老虎，可是一直没能找到。有一天，一个小和尚告诉他，找只猫照着画就是了，只要画大些就是老虎的样子，因为它们本来就是一家子嘛。徒弟觉得有理，于是回家找来一只大黄猫，照着它的样子画成老虎。

把这只大黄猫放大了，不就是老虎吗？照着它画就对了。

完成了武松的这幅画作后，徒弟就把一百零八位好汉图都挂出来给大家展示。有个文人看了后，在《武松打虎图》的边上题词道：佳作名画，一百单八将个个英雄，唯有武二郎误把黄猫当作虎。意思是，这些画都很不错，一百零八个好汉都英雄了得，只是武松把黄猫当成老虎给打了一顿。

哈哈哈，这是猫还是虎啊？
故事小启示
故事中的徒弟因为敷衍了事，用猫充虎，结果被众人嘲笑。我们平时做事情一定要深入实际、认真研究才是正确的啊。

猫鼠同眠

《新唐书·五行志》中记载了唐朝时各地的奇闻异事，其中就有这样一件怪事：在唐高宗李治登基的那一年冬季，洛阳一带的人们发现平时水火不容的猫和老鼠居然相安无事地一起睡大觉呢。正常情况下，老鼠们总是像盗贼一样到处偷东西吃，而猫的责任就是抓老鼠，不让它们搞破坏。结果现在，这一对敌人竟然相处得很好。人们觉得这种现象就像当时那些玩忽职守的官吏一样，他们不去抓捕盗贼、维护社会的安宁，反倒和盗贼们相互勾结，坑害百姓。后来，人们就用“猫鼠同眠”或“猫鼠同处”这样的成语来讽刺官吏失职，比喻他们与坏人狼狈为奸，或者上级包庇下属干坏事。

这是怎么一回事？猫竟然和老鼠在一起睡大觉！
故事小启示
“猫鼠同眠”可不是好现象！这就像警察不去抓捕坏人，官员们不为民除害，他们玩忽职守，甚至还会包庇坏人、收受好处，那么社会还会安宁吗？
粮

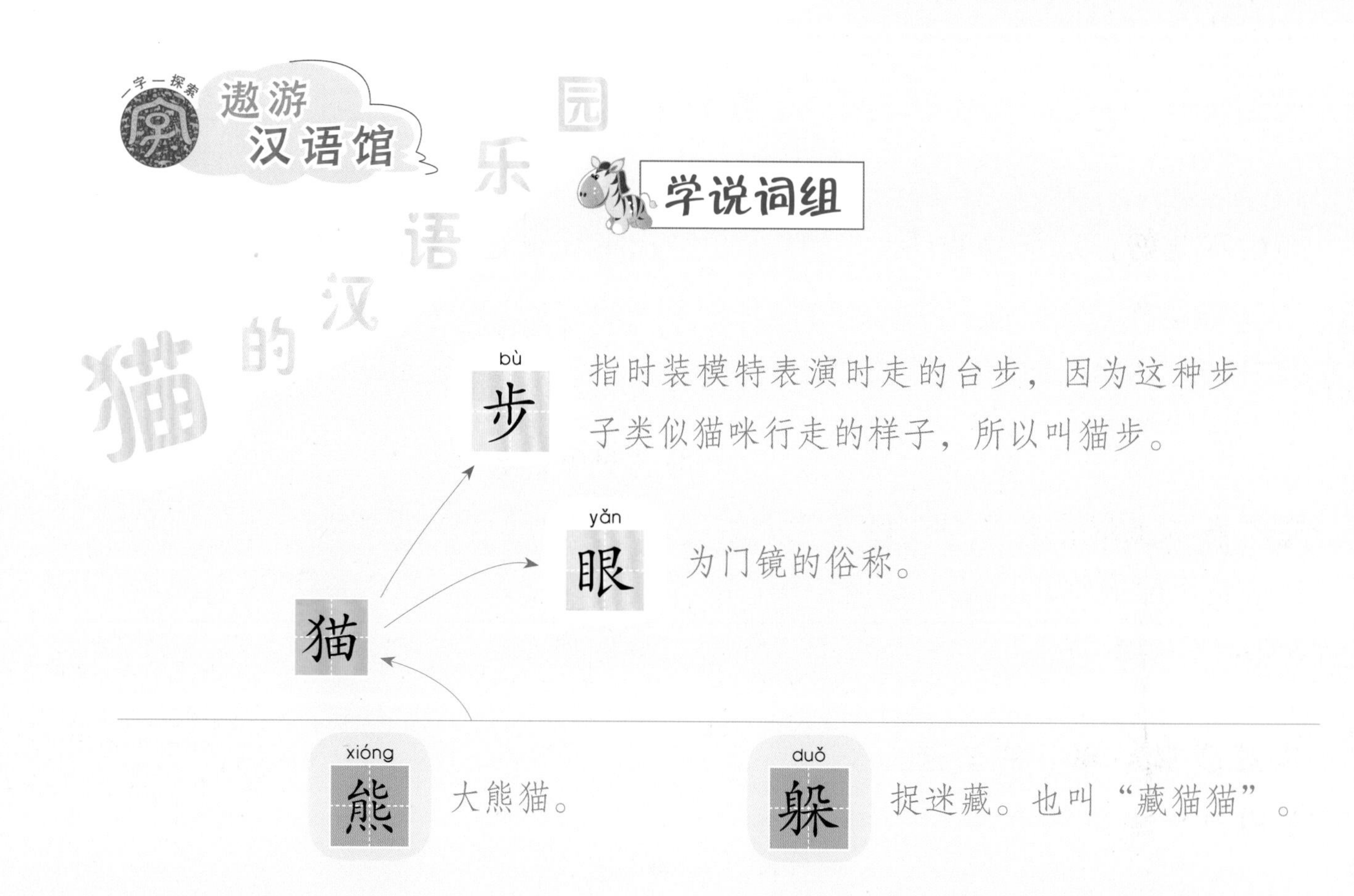

一字一探索
遨游汉语馆
猫的汉语乐园
学说词组
bù 步 指时装模特表演时走的台步，因为这种步子类似猫咪行走的样子，所以叫猫步。
yǎn 眼 为门镜的俗称。
猫
xióng 熊 大熊猫。
duǒ 躲 捉迷藏。也叫“藏猫猫”。

学说成语

照猫画虎（zhào māo huà hǔ）

照着猫咪画老虎。比喻照着样子模仿。

猫鼠同眠（māo shǔ tóng mián）

猫咪同老鼠睡在一起。比喻官吏失职，包庇下属干坏事；也比喻上下狼狈为奸。

阿猫阿狗（ā māo ā gǒu）

旧时人们常用的小名。引申为那些轻贱的、不值得重视的人或著作。

争猫丢牛（zhēng māo diū niú）

为了争夺一只猫，反倒丢了一头牛。比喻因小失大，得不偿失。

学说谚语

买鱼不盖好，别怨猫嘴馋

比喻自己疏于防范出了差错，就不要埋怨坏人钻了空子。提醒人们，做事要考虑周到，注意防范坏人。

猫不急不上树，兔不急不咬人

比喻情况紧急时，人会被迫做出平时不敢做的举动。

不管黑猫白猫，抓到老鼠就是好猫

比喻只要能解决问题的办法就是好办法。

猫儿不在家，耗子会造反

比喻管事的人不在，下属无人管束，就会变得无法无天。

猫儿见腥，无有不吞

猫咪喜欢吃有腥味的东西，一看见就要一口吞下，绝无例外。比喻贪心的人见到钱财或好处时，一定会想尽办法据为己有。

我要吃！
我要吃！
我刚钓的鱼！！你快给我吐出来！

学说歇后语

耗子逗猫——活得不耐烦了

猫咪是耗子的天敌，耗子去逗猫咪无异于送死。比喻人自寻死路。

猫哭耗子——假慈悲

比喻施恶的人虚伪地去同情、怜悯弱者或受害者；也比喻表面上很仁慈，实际却暗藏祸心。

瞎猫碰上死耗子——凑巧

指事情获得成功纯属碰巧或偶然。

快跑，是大恶猫来了！
呜 呜 …… 鼠老大，你怎么就死了呢？
猫来给老鼠吊丧，一定没好事！

会变方向的猫眼睛

猫的眼睛对光线十分敏感，瞳孔还会随着光线的强弱变圆或变成细缝，是不是很神奇啊？其实猫的眼睛和我们的眼睛能看到东西，都是因为光线射入眼睛，在视网膜上形成的视觉效果。如果光线发生改变会怎么样呢？我们的眼睛看到的还是真实的吗？现在我们就一起做个有趣的实验吧。

实验材料

实验步骤

1. 拿彩笔或铅笔在白纸上画一只小小的猫咪，黑黑的眼睛正看向右边。还可以在一只耳朵上画一朵小花。注意，猫咪不要太大了，宽度不要超过水杯的直径。

2. 在水杯中注满清水。

3. 立起画画的纸，拿着水杯从左向右从画面前方经过。

4. 透过水杯观察看到的画面有什么变化呢？

实验结论

我们发现随着水杯的移动，纸上原本向右看的猫眼睛忽然看向了左边，而猫耳朵上的小花、尾巴等也出现在了另一侧。也就是说，透过水杯看到的画面和纸上原来的画面完全相反了。这是因为圆柱形的杯子和清水在一起形成了类似凸透镜的结构，光线经过凸透镜会发生折射，除了经过中心的光线不改变方向，其他方向的光线都会改变方向。因此，我们看到的图画就变成了相反方向的样子。

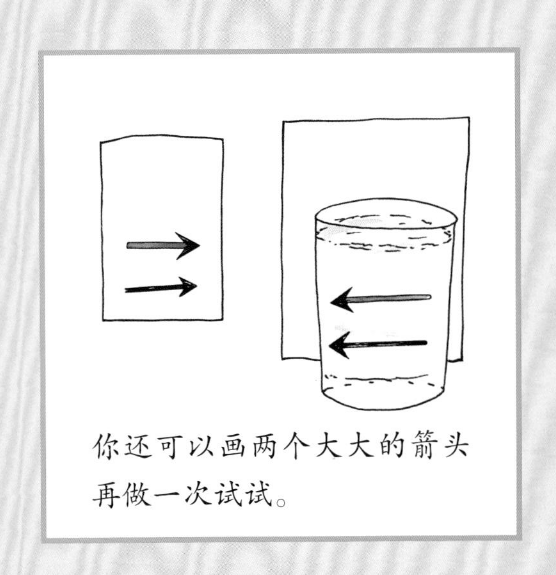

你还可以画两个大大的箭头再做一次试试。

猫知识大挑战

1. 猫走路没有声音，是因为它们（　　）。

   A. 脚掌下有肉垫　　B. 走得慢　　C. 身体很轻

2. 猫眼睛的瞳孔在强烈的阳光下会（　　）。

   A. 变成椭圆状　　B. 变成圆形　　C. 变成细缝状

3. 猫喜欢吃鱼和老鼠，是因为它们含有（　　），可以使它们在夜间看清东西。

   A. 维生素　　B. 牛磺酸　　C. 蛋白质

4. 猫从高处落下不会受伤，是因为它们反应灵敏、（　　）。

   A. 平衡感出众　　B. 身体轻巧　　C. 四肢有力

5. 猫咪的胡须（　　），有很重要的作用。

   A. 终生不会掉　　B. 是灵敏的感觉器官　　C. 只长在嘴巴两边

6. 家里的猫咪把沙发抓烂了，是因为它们（　　）。

   A. 太高兴了　　B. 锻炼脚爪　　C. 需要磨爪子

猫知识大挑战答案

1 A　2 C　3 B　4 A　5 B　6 C

词汇表

品种（pǐnzhǒng） 指经过人工选择，培育出的在外形和习性上有着共同遗传特征的生物体（不是自然形成的）。也泛指产品的种类。

夜视（yèshì） 指在光线昏暗的环境下或夜间看东西。

瞳孔（tóngkǒng） 是人或动物眼睛虹膜中心的小圆孔，是光线进入眼睛的入口，周围的肌肉可以控制它变大或变小。

生活习性（shēnghuó xíxìng） 人或动物长期在某种环境中逐渐养成的特性。

反射（fǎnshè） 光线遇到水面、玻璃等物体的表面改变传播方向又折返回原来路线的现象。

牛磺酸（niúhuángsuān） 是一种带有氨基的磺酸，能够维护视网膜的光感活性，对猫等夜间活动的动物视力非常重要。

弹跳力（tántiàolì） 这里指运用腰和腿上肌肉的爆发力，使得身体腾空到一定高度的能力。

汗腺（hànxiàn） 具有分泌汗液功能的腺体，分布在全身的皮肤中。

乳牙（rǔyá） 人和一些动物在幼年期所长出的牙齿。长大后，这些牙会被替换成能持久使用的恒牙。

温差（wēnchā） 在某一段时间之内，最高温度与最低温度之间的差别。

应激反应（yìngjī fǎnyìng） 指人或动物因为受到外界某种刺激，引起精神兴奋、血压上升、心率加快和呼吸加速等反应，有的还会影响心理和情绪，如易烦躁、易受惊胆怯、易攻击人等。

木乃伊（mùnǎiyī） 古埃及人为了表示对死者的尊敬，会用特殊的防腐手段将尸体制成保存不坏的干尸。

图书在版编目（CIP）数据

可爱的小猫咪 / 小学童探索百科编委会著；探索百科插画组绘. -- 北京：北京日报出版社，2023.8
（小学童. 探索百科博物馆系列）
ISBN 978-7-5477-4410-9

Ⅰ. ①可… Ⅱ. ①小… ②探… Ⅲ. ①猫－儿童读物 Ⅳ. ① Q959.838-49

中国版本图书馆 CIP 数据核字 (2022) 第 192918 号

可爱的小猫咪
小学童. 探索百科博物馆系列

出版发行：北京日报出版社
地　　址：北京市东城区东单三条 8-16 号 东方广场东配楼四层
邮　　编：100005
电　　话：发行部：（010）65255876
　　　　　总编室：（010）65252135
印　　刷：天津创先河普业印刷有限公司
经　　销：各地新华书店
版　　次：2023 年 8 月第 1 版
　　　　　2023 年 8 月第 1 次印刷
开　　本：889 毫米 ×1194 毫米　1/16
总 印 张：36
总 字 数：529 千字
定　　价：498.00 元（全 10 册）